BEI GRIN MACHT SICH IHR WISSEN BEZAHLT

AF140939

- Wir veröffentlichen Ihre Hausarbeit, Bachelor- und Masterarbeit

- Ihr eigenes eBook und Buch - weltweit in allen wichtigen Shops

- Verdienen Sie an jedem Verkauf

Jetzt bei www.GRIN.com hochladen und kostenlos publizieren

Bibliografische Information der Deutschen Nationalbibliothek:

Die Deutsche Bibliothek verzeichnet diese Publikation in der Deutschen National-
bibliografie; detaillierte bibliografische Daten sind im Internet über http://dnb.d-
nb.de/ abrufbar.

Impressum:

Copyright © 2014 GRIN Verlag, Open Publishing GmbH
Druck und Bindung: Books on Demand GmbH, Norderstedt Germany
ISBN: 9783668523241

Dieses Buch bei GRIN:

http://www.grin.com/de/e-book/375147/naturwissenschaftliche-bildung-im-ele-
mentarbereich-zum-thema-mischbarkeit

Anonym

Naturwissenschaftliche Bildung im Elementarbereich zum Thema 'Mischbarkeit von Flüssigkeiten'

Wie kann das Thema in der Didaktik optimal umgesetzt werden?

GRIN Verlag

GRIN - Your knowledge has value

Der GRIN Verlag publiziert seit 1998 wissenschaftliche Arbeiten von Studenten, Hochschullehrern und anderen Akademikern als eBook und gedrucktes Buch. Die Verlagswebsite www.grin.com ist die ideale Plattform zur Veröffentlichung von Hausarbeiten, Abschlussarbeiten, wissenschaftlichen Aufsätzen, Dissertationen und Fachbüchern.

Besuchen Sie uns im Internet:

http://www.grin.com/

http://www.facebook.com/grincom

http://www.twitter.com/grin_com

Naturwissenschaftliche Bildung im Elementarbereich zum Thema „Mischbarkeit von Flüssigkeiten"

INHALTSVERZEICHNIS

1. Einleitung

Die Studie TIMSS zeigte im Jahr 2007 auf, dass Schüler vor allem im naturwissenschaftlich-technischem Bereich Defizite aufweisen. Das führte zu einer umfassenden Förderung der MINT-Fächer. Ohne Kenntnisse in diesen Bereichen fehlen der Wirtschaft zukünftig die nötigen Experten. Den Kindern bereits im Elementarbereich erste Erfahrungen im naturwissenschaftlichen Bereich zu bieten, ist daher besonders wichtig. Heutzutage beschäftigt sich eine Vielzahl von Projekten und Konzepten mit der Thematik. Im Mittelpunkt steht das Wecken kindlicher Neugier für die Naturwissenschaften (vgl. Gold & Dubowy, 2013, S.112). Im Laufe der Zeit hat sich die Thematik in Deutschland positiv entwickelt. Nicht nur biologische, sondern auch chemische und physikalische Inhalte sind in den Bildungsvereinbarungen verankert. Es werden Experimentiertage für Kinder angeboten und Naturphänomene in Kinderuniversitäten untersucht. Die Notwendigkeit des Heranführens an naturwissenschaftliche Themen ist nun ins öffentliche Bewusstsein gerückt. Wachsen Kinder schon früh mit naturwissenschaftlichen Kenntnissen auf, haben sie es im späteren Leben nachweislich leichter. Deshalb ist es von großer Bedeutung, auch im Elementarbereich die Kinder früh an die belebte und unbelebte Natur heranzuführen. Das primäre Ziel ist, den natürlichen Forscherdrang der Kinder zu unterstützen (vgl. Lück, 2012, S.8 f.).

Laut dem SGB (Sozialgesetzbuch) VIII zählen zu den Kernaufgaben des Elementarbereichs die drei Bereiche Bildung, Erziehung und Wissensvermittlung. Die Kindertageseinrichtung ist ein wichtiges Segment zur Unterstützung dieses Bildungsaspekts und frühkindlicher Bildungsprozesse. Schlüsselqualifikationen, wie u.a. System- und Problemlöseorietierung, Situations-, Handlungs- und Partizipationsorientierung und Ganzheitlichkeit werden durch naturwissenschaftliche Erfahrungen und der Deutung naturwissenschaftlicher Phänomene erworben (vgl. ebd., S.22 f.).

Ein Stoff, mit dem Kinder alltäglich in Berührung kommen, ist Wasser. Kinder haben in diesem Bereich Vorerfahrungen, kennen die Eigenschaften und wissen, wie es sich anfühlt. Auch können Vorschulkinder oft schon durch das Anschauen erkennen, ob es sich um kaltes oder heißes Wasser handelt. Im Gegensatz dazu sind andere flüssige Stoffe den Kindern größtenteils unbekannt. In zahlreichen Experimenten wurde belegt, dass Kinder das Element Wasser faszinierend finden und sich gerne damit beschäftigen. Eine Eigenschaft von Wasser, die den Kindern meist neu ist, ist die Nicht-Mischbarkeit mit Öl. Daher steht die Fragestellung „Wie kann das Thema ‚Mischbarkeit von Flüssigkeiten' im Elementarbereich optimal umgesetzt werden?" in dieser Arbeit im Mittelpunkt. Dafür werden zunächst verschiedene Konzepte erläutert, mit denen Kindern das Phänomen näher gebracht werden kann. Im darauf folgenden Kapitel wird ein konkretes Experiment bezüglich der Mischbarkeit von Flüssigkeiten beschrieben. Es folgen mögliche Fragen von Kindern und ein weiteres, darauf aufbauendes Experiment. Im vierten Kapitel werden die Methoden miteinander verglichen, bevor im letzten Kapitel eine Zusammenfassung folgt.

2. Material und Methoden

2.1 Naturwissenschaften im Kindesalter nach Gisela Lück

„Um im Elementarbereich Kinder an Naturphänomene heranzuführen, sind zum einen das Experimentieren und zum anderen die Deutung des Naturphänomens von zentraler Bedeutung" (Lück, 2006, S.202).

Die Professorin für Didaktik der Chemie Dr. Gisela Lück beschäftigt sich primär mit der Naturwissenschaftsvermittlung im Elementarbereich. Bereits in den 90er Jahren entwickelte sie einfache Experimente, um Kindern im Elementarbereich die unbelebte Natur nahezubringen. Besonders Chemie und Physik galten damals als Überforderung für die Vorschulkinder. Dafür wurde das Experiment zur Invarianz von Flüssigkeiten des Schweizer Entwicklungspsychologen Jean Piaget als Beleg angeführt. Hierbei bekommt ein Kind zwei unterschiedliche Gefäße, die jedoch das gleiche Volumen fassen. Ein Gefäß ist lang und hoch und das andere schmal und breit. Nun soll das Kind sagen, in welchem Gefäß mehr Wasser ist. In den meisten Fällen lautet die Antwort der unter siebenjährigen Kinder, es sei in dem schmalen, hohen Gefäß mehr Wasser enthalten. Das deutet Piaget als Indiz dafür, dass diese Kinder noch nicht in der Lage sind, logisch zu denken. Spätestens ab dem siebten Lebensjahr entwickeln jedoch alle Kinder diese Fähigkeit. Gisela Lück belegt allerdings anhand der Entwicklungspsychologie des deutsch-amerikanischen Psychoanalytikers Erik H. Erikson und Erkenntnissen aus der Hirnforschung die Fähigkeit, dass Kinder im Vorschulalter naturwissenschaftliche Zusammenhänge sehr wohl verstehen können. Notwendige Signale müssen zum richtigen Zeitpunkt ausgesendet werden, um dem Kind entwicklungsspezifische Erfahrungen zu ermöglichen. Eine altersgemäße Heranführung an Naturphänomene kann schon früh vorgenommen werden, denn die Selbstregulierungskräfte der Kinder sind bereits so weit ausgebildet, Überflüssiges als solches zu identifizieren. Gisela Lück fand heraus, dass Kinder ab vier Jahren bereits materielle und immaterielle Dinge unterscheiden können. Gase werden hierbei jedoch in den seltensten Fällen als materiell klassifiziert. Um Gewichte einschätzen zu können, müssen Kinder die Gelegenheit bekommen, sie selbst zu testen. Eine Vorstellung von

Dichte haben Kinder etwa ab dem sechsten Lebensjahr, Aggregatzustände erfassen sie ab dem vierten Lebensjahr und eine Vorstellung von Lösungsvorgängen können Kinder bereits im Vorschulalter hervorbringen (vgl. Lück, 2012, S.30 ff.).

Die motivationalen Aspekte der Naturwissenschaftsvermittlung sind eine weitere Grundlage der Naturwissenschaften im Kindesalter. Durch empirische Untersuchungen wurde festgestellt, dass Kinder von sich aus ein hohes Interesse an naturwissenschaftlichen Experimenten haben. Besonders wenn sie sich über längere Zeit hinweg mit einem Sachverhalt beschäftigen dürfen. Dadurch bekommen die Kinder ein positives Gefühl gegenüber dem Sachverhalt. Sie sind intrinsisch motiviert, was zu besseren Leistungen und erhöhter Lernfreude führt. Nach diesen Kenntnissen entwickelte Lück Experimentiereinheiten, in denen die Inhalte, Begründungen und die Erinnerungsfähigkeit der Kinder überprüft wurden. Fundamental war die freiwillige Teilnahme der Kinder, um auch das Interesse überprüfen zu können. Den Kindern wurden neben den naturwissenschaftlichen Angeboten noch andere attraktive Alternativen geboten, damit die Kinder sich aus persönlichem Interesse für diese Thematik entscheiden. Das Interesse an den naturwissenschaftlichen Experimenten war trotz dieser Alternativen sehr hoch. Die Angebote naturwissenschaftlicher Themen sollten nach Gisela Lück an die jeweiligen Vorkenntnisse anknüpfen, das Interesse der Kinder wecken, eine intrinsisch motivierte Teilnahme ermöglichen und methodisch-didaktisch so entwickelt sein, dass sie tiefgreifend und effektiv wirken. Die Ergebnisse zeigen, dass die Erinnerungsfähigkeit der Kinder sehr hoch ist, sie die Experimente rekonstruieren und sich die naturwissenschaftliche Deutung merken können (vgl. ebd., S.70 ff.).

Nach diesem Konzept ist es wichtig, einige Grundprinzipien zu beachten. Es sollten mehrere Experimente zu einem Themenfeld durchgeführt werden, die aufeinander aufbauen und nach und nach immer komplexer werden. Ratsam ist es, einmal wöchentlich die Experimente mit einer Gruppe von sechs Kindern durchzuführen. Ein seperater, ruhiger Raum als Treffpunkt ist hilfreich, um konzentriert zu experimentieren. Es eignen sich Kinder im Alter von fünf bis sechs Jahren, da in diesem Alter die Konzentrations-, Beobachtungs- und Sprachfähigkeit ausreichend entwickelt sind. Die durchgeführten Experimente müssen ungefährlich sein, es sollen preiswerte Materialien Verwendung finden, altersgerechte Erklärungen geboten und Alltagsbezüge hergestellt werden. Die Experimente müssen zuverlässig gelingen, selbstständig durchgeführt werden können und dürfen nicht länger als dreißig Minuten dauern. Für die Durchführung der naturwissenschaftlichen Experimente beschreibt Lück einen einheitlichen Ablauf. Zur Vorbereitung soll jeder Versuch von der Fachkraft vorher ausprobiert werden. Der Raum, in dem die Experimente stattfinden, wird vorbereitet, indem die benötigten Materialien bereitgestellt werden. Die Kinder sollen diese Materialien vor dem Beginn des Experiments benennen und eine Fragestellung entwickeln, die es gilt, im Laufe des Experiments zu beantworten. Danach haben die Kinder Zeit zum Experimentieren. Ein intensives Beobachten der Abläufe steht hierbei im Vordergrund. Abschließend wird über das Beobachtete gesprochen und eine altersgerechte naturwissenschaftliche Erklärung geboten (vgl. ebd., S. 144 ff.).

2.2 Das Haus der kleinen Forscher

Das Ermöglichen von naturwissenschaftlichen Themen im Alltag ist primäres Ziel dieses Konzepts. Schon im Elementarbereich sollen die Kleinsten an diese Thematik herangeführt werden um die Naturphänomene mit Freude zu entdecken. Die Stiftung „Haus der kleinen Forscher" unterstützt die pädagogischen Fachkräfte in der Umsetzung in Kita und Grundschule. Im Mittelpunkt steht hierbei das gemeinschaftliche Lernen der Kinder. Die Erwachsenen fungieren als Lernbegleitung. Mit den Angeboten dieses Konzepts wird der Bildungsbereich „Naturwissenschaften" im Alltag aufgegriffen, wodurch sich die Bildungschancen und damit die Nachwuchssicherung in den naturwissenschaftlichen Berufen erhöhen (vgl. Bundesministerium für Bildung und Forschung, 2013, S.4).

Spannende Geschichten führen die Kinder zu den verschiedenen Experimenten hin. Diese sorgen für eine erlebnisreiche Reise durch die Naturwissenschaften. Jede Geschichte beschreibt ein besonderes Phänomen, worauf ein bestimmtes Experiment folgt. Dieses verdeutlicht physikalische, chemische, biologische und technische Zusammenhänge auf spielerische Art und Weise.

In dem Konzept „Haus der kleinen Forscher" wird dem pädagogischen Fachpersonal nahe gebracht, wie man die Auseinandersetzung mit Natur und Technik im Kita-Alltag einfließen lassen kann. Die CDU-Politikerin Prof. Dr. Annette Schavan ist die Schirmherrin dieses Konzeptes. Ziel ist die Förderung der naturwissenschaftlichen Bildung im Elementarbereich. Kinder sollen begeistert zu kleinen Forschern werden. Aus diesem Grund entwickelt das „Haus der kleinen Forscher" naturwissenschaftliche Experimente, die im Elementarbereich durchgeführt werden können. Die Experimente sind einfach aufgebaut und erfordern nicht viel Material. Es werden Zusammenhänge naturwissenschaftlicher und technischer Art verdeutlicht, die die Kinder dazu anregen, ihre Umwelt bewusster wahrzunehmen. Spaß und Begeisterung sind hier die primären Aspekte, denn dadurch wird ein größerer Lerneffekt erzielt. Neben der Wissenserweiterung im naturwissenschaftlichen Bereich werden auch die Sprach-, Sozial- und Lernkompetenzen gefördert, indem die Kinder gemeinsam experimentieren und anschließend das Beobachtete besprechen und reflektieren (vgl. Hecker, 2013, S.8f.).

Es ist wichtig, wenn das pädagogische Fachpersonal auch Freude an der naturwissenschaftlichen Thematik hat und so die Sachverhalte bestmöglich vermitteln kann. In regelmäßigen „Haus der kleinen Forscher"-Workshops wird den Fachkräften die Didaktik der Wissensvermittlung nahe gebracht (vgl. ebd., S.10).

2.3 Die Kognitive Meisterlehre – Ein Konzept für frühe naturwissenschaftliche Bildung

„Der Kopf ist rund, damit die Gedanken die Richtung ändern können" (Von Löbbecke-Lauenroth, 2012, S.5) ist das Motto dieses Konzepts.

Auschlaggebend für die Entwicklung der Kognitiven Meisterlehre ist die Tatsache, dass die pädagogischen Fachkräfte im Elementarbereich Probleme bei der Umsetzung naturwissenschaftlicher Themen haben. Da das Interesse an diesem Themengebiet jedoch vorhanden ist, kommt die Frage auf, woran die Umsetzung scheitert. Es ist von Bedeutung, dass sich die Grundhaltung des Fachpersonals gegenüber den Naturwissenschaften positiv verändert. Dies und die nötigen Kompetenzen für die naturwissenschaftlichen Themen werden dem pädagogischen Fachpersonal mithilfe dieses Konzepts nahe gebracht. Das wesentliche Ziel der Kognitiven Meisterlehre ist die alltägliche Umsetzung naturwissenschaftlicher Abläufe und das Wahrnehmen der eigenen Person als Teil der vorhandenen Naturphänomene. So werden Kinder automatisch in den Lernprozess einbezogen und verstehen sich als aktive Akteure ihrer Umwelt. Das Konzept grenzt sich bewusst vom Experimentieren als angeleitete Aktivität ab, da es primär von Bedeutung ist, die Naturphänomene im Alltag zu entdecken und in die Bildungsarbeit zu integrieren. So ist eine langfristige Etablierung der Naturwissenschaften im Elementarbereich möglich. Grundannahme des Konzepts ist das Öffnen der kognitiven Fenster bei Kindern vom dritten bis fünften Lebensjahr. Die Kinder zeigen besonders in dieser Zeit ein besonderes Interesse an naturwissenschaftlichen Phänomenen und sind in der Lage, nachvollziehbare Experimente zu verstehen und die dazugehörigen Theorien zu nutzen und zu reflektieren (vgl. ebd., S.5 ff.). Die pädagogische Fachkraft soll bei der Umsetzung naturwissenschaftlicher Themen nicht fächer- oder funktionsorientiert vorgehen, sondern sich von den alltäglichen Themen, die die Kinder beschäftigen, anregen lassen und daraus Lernangebote initiieren. Situations- und projektorientiertes Arbeiten steht hierbei im Vordergrund (vgl. ebd., S.8 f.).

Die Kognitive Meisterlehre ist in verschiedene Phasen strukturiert. Die Durchführung findet immer mit einem Experten oder einer Expertin, der sich bereits intensiv mit dem Konzept auseinandergesetzt hat, und einer pädagogischen Fachkraft statt. In Phase 1 „Modelling –

7

Modellhaftes Vorführen" geht es primär um die Findung des Projektthemas. Hier hält die pädagogische Fachkraft sich im Hintergrund auf und dokumentiert den Forschungsverlauf. Die Durchführung übernimmt der Experte. Die pädagogische Fachkraft legt den Schwerpunkt ihrer Dokumentation auf den Prozess der Einbeziehung der kindlichen Fragen. In Phase 2 „Coaching – Anleiten" wird die pädagogische Fachkraft mit der Umsetzung vertraut gemacht, in dem sie unter der Anleitung des Experten das Angebot mit einer neuen Gruppe von Kindern durchführt. In Phase 3 „Scaffolding (strukturiertes Unterstützen) mit allmählicher Rücknahme (fading)" wird die pädagogische Fachkraft während ihres Angebots mit Vorschlägen unterstützt. Diese Unterstützung wird nach einiger zeit herabgesetzt, bis die pädagogische Fachkraft allein die Verantwortung für die Forschung übernehmen kann. Am Ende dieser Phase steigt die pädagogische Fachkraft selbst zum Experten auf. Die Phasen 4 und 5 „Artikulation und Reflektion" umfassen die schriftliche Dokumentation und Reflektion der durchgeführten Angebote. Die Dokumentation wird gut sichtbar in der Einrichtung angebracht und später in die Forschermappe geheftet. Hierdurch kann die Fachkraft sich selbst mit den Angeboten auseinandersetzen und auch den Eltern den Verlauf verdeutlichen. In Phase 6 „Exploration – Forschendes Lernen" lernen die Fachkräfte das Wahrnehmen der Kinderfragen und die verschiedenen Lösungsmöglichkeiten. Die Angebote werden passend strukturiert und Lernstrategien gemeinsam mit den Kindern entwickelt (vgl. ebd., S.13 ff.).

3. Ergebnisse

3.1 Versuchsplanung „Mischbarkeit von Flüssigkeiten" aus dem Konzept „Naturwissenschaften im Kindesalter nach Gisela Lück"

Die pädagogischen Fachkräfte beobachten die Kinder im Alltag, um Interessen und aktuelle Themen herauszufinden. Besonders in alltäglichen Situationen kann beobachtet werden, wie bei Kindern durch naturwissenschaftliche Phänomene Fragen aufkommen, die es zu beantworten gilt. Ihre kindliche Neugier fordert sie täglich zum forschenden Lernen heraus. Sie experimentieren im Waschraum mit Wasser, Zahnpasta und Seife und sind fasziniert von den Ergebnissen. Kinder stellen Fragen zu naturwissenschaftlichen Themen, z.B. wieso das Wasser beim Kochen blubbert oder warum ein Kuchenteig aufgeht. Aufgrund dieser Beobachtungen wird ein Projekt mit naturwissenschaftlichem Schwerpunkt durchgeführt. Zunächst werden die konkreten Fragen der Kinder wahrgenommen und mithilfe naturwissenschaftlicher Phänomene nach Antworten gesucht.

An der Projektplanung und –durchführung sind die Kinder aktiv beteiligt. Ziel ist hierbei die Stärkung und Vertiefung naturwissenschaftlicher Kompetenzen. Das Experimentieren steht im Vordergrund. Kinder formulieren Hypothesen über das Ergebnis des Experiments und überprüfen diese durch die Versuchsdurchführung. Gemeinsam wird eine Erklärung für das Beobachtete gefunden. In einem offenen, sozialen Lernprozess werden naturwissenschaftliche Kenntnisse vertieft.

Um dem Thema „Mischbarkeit von Flüssigkeiten" näher zu kommen, wird folgende Kinderfrage, die während des Mittagessens in der Kita aufkam, in den Mittelpunkt gestellt: *„Was sind das für runde Kugeln in meiner Suppe?"*. Experimente, die die Eigenschaften von Wasser, wie u.a. die Oberflächenspannung und den Aggregatzustand verdeutlichen, wurden im Vorfeld bereits mit den Kindern durchgeführt. Zu Beginn der neuen Thematik „Mischbarkeit von Flüssigkeiten" überlegen die Kinder, welche Flüssigkeiten sie gerne mischen und kennenlernen möchten. Gemeinsam wird eine Materialliste für das bevorstehende Experiment „Mischbarkeit von Wasser und Öl" erstellt (vgl. Fthenakis, Wendell, Eitel, Daut & Schmitt, 2009, S.192 ff.).

Nachdem die Kinder bereits durch vorangegangene Experimente mit dem Element Wasser vertraut sind, wird nun das Experiment zur „Mischbarkeit von Flüssigkeiten" mit den fünf- und sechsjährigen Kindern durchgeführt. Jedes Kind hat ein Glasschälchen mit einer Tropfpipette vor sich. Auf dem Tisch befinden sich Speiseöl, Essig, Spülmittel und Behälter mit Wasser. Zunächst zählen die Kinder auf, welche Flüssigkeiten sie bereits kennen. Wasserhaltige Flüssigkeiten werden als solche identifiziert und es kommt die Frage auf, ob es außer Wasser noch andere Flüssigkeiten gibt. Die Kinder betrachten die Gegenstände auf dem Tisch und äußern ihre Ideen. Jedes Kind darf nun eine kleine Menge Wasser in das vor ihm stehende Glasschälchen gießen, etwas Essig dazu geben und genau beobachten, ob diese beiden Flüssigkeiten sich vermischen. Die Kinder dürfen Hypothesen aufstellen, was wohl passiert, wenn das Öl dazu geschüttet wird. Nach Zugabe von Öl wird und erneut beobachtet, ob sich die Flüssigkeiten vermischen. Anschließend wird eine Spülmittellösung angefertigt, indem die Kinder einige Tropfen Spülmittel mit etwas Wasser mischen. Jedes Kind darf nun tropfenweise, mithilfe der Pipette, etwas von der Spülmittellösung in sein Glasschälchen zu dem Wasser-Essig-Öl-Gemisch geben. Die Kinder beobachten nun, was nach der Zugabe der Spülmittellösung geschieht. Ihre Aufmerksamkeit soll besonders dem Öl gelten. Bei diesem Experiment erfahren die Kinder, dass das Wasser sich mit dem Essig vermischt, das Öl hingegen isolierte Tropfen in der Flüssigkeit bildet. Durch Zugabe der Spülmittellösung kann beobachtet werden, wie der Rand der Öltropfen sich verändert und die Kontur verliert (vgl. Lück, 2012, S.182 f.).

3.1.1 Naturwissenschaftliche Deutung

Ob Flüssigkeiten mischbar sind oder nicht, hängt von der Struktur der Teilchen ab, aus denen die Flüssigkeiten aufgebaut sind. Flüssigkeiten, die dem Aufbau nach ähnlich sind, sind miteinander mischbar. Unter dem Mikroskop ist erkennbar, dass Wasser eine kugelige Gestalt hat, Öl hat eine längliche Gestalt. Deshalb können diese beiden Flüssigkeiten sich nicht miteinander vermischen. Essig hat ebenfalls eine kugelige Form und ist mit Wasser mischbar. Gibt man die Spülmittellösung zum Waser-Öl-Gemisch, so verändert sich das Mischverhalten. Da die Spülmittellösung aus kugelförmigen und aus länglichen Teilchen besteht, ist eine Verbindung der kugelförmigen Teilchen untereinander möglich und gleichzeitig eine Verbindung der länglichen mit den länglichen Teilchen im Öl. Dieses Phänomen ist optisch sichtbar und kann z.b. beim Spülen von fettigem Geschirr beobachtet werden. Hierbei wirkt das Spülmittel als Fettlöser und wird mit dem Wasser fortgespült (vgl. ebd., S.183 f.).

3.1.2 Anschlussfrage

Aus dem vorangegangenen Experiment ergibt sich folgende mögliche Anschlussfrage der Kinder, woraus ein weiteres Experiment resultiert: *„Kann man auch Steine in Wasser auflösen, indem man Spülmittel hinzu gibt?"*.
Auf der Grundlage dieser Kinderfrage basiert das in Kapitel 3.2 beschriebene Experiment „Löslichkeit von Feststoffen in Wasser".

3.2 Versuchsplanung „Löslichkeit von Feststoffen in Wasser" aus dem Konzept „Naturwissenschaften im Kindesalter nach Gisela Lück"

Das Anschlussexperiment ergibt sich aus einer konkreten Frage der Kinder. Die Löslichkeit von Feststoffen in Wasser steht hierbei im Fokus. Den Kindern wird bewusst dass es einerseits Materialen gibt, die nicht wasserlöslich sind, wie z.B. Steine, und dass es andererseits jedoch Stoffe gibt, die sich im Wasser lösen, wie z.B. Zucker und Salz. Auch wird den Kindern verdeutlicht, dass die Zugabe von Spülmittel das Mischungsverhalten der Flüssigkeiten zwar verändert, jedoch keine wasserunlöslichen Feststoffe wasserlöslich macht. Die Kinder lernen bei diesem Experiment die entscheidenden Unterschiede zwischen der Löslichkeit verschiedener Stoffe kennen (vgl. ebd., S.171).

Im Vorfeld werden folgende Materialien auf dem Tisch verteilt: eine große Glaskanne mit kalten Wasser, eine große Glaskanne mit sehr warmem Wasser, Spülmittel und ein kleiner Stein. Jedes Kind erhält einen Zuckerwürfel, etwas Kochsalz, einen Löffel und zwei Gläser. Zu Beginn der Durchführung wird zunächst das Experiment zur „Mischbarkeit von Flüssigkeiten" besprochen und die gewonnenen Erkenntnisse wiederholt. Es wird ebenfalls die Kinderfrage wiederholt, aufgrund derer das Experiment „Löslichkeit von Feststoffen in Wasser" durchgeführt wird. Die Kinder dürfen Vermutungen anstellen, welche der ausgewählten Materialien in Wasser löslich sind. Außer Stein, Zuckerwürfel und Salz können noch andere kleine Gegenstände aus dem Raum für den Versuch ausgesucht werden. Nun wird ein Glas mit Wasser gefüllt und der Stein hineingelegt. Die Kinder beobachten, ob der Stein sich auflöst. Anschließend füllt jedes Kind seine beiden Gläser mit kaltem Wasser und gibt in das eine Glas den Zuckerwürfel und in das andere Glas etwas Salz. Nun wird beobachtet, ob diese Stoffe sich in Wasser lösen und wenn ja, welcher Stoff sich schneller auflöst. Die Kinder bemerken, dass beide Stoffe sich auflösen, der Zucker aber schneller in Lösung geht als Salz. Nun dürfen sie testen, ob der Zucker sich schneller in kaltem oder in sehr warmem Wasser auflöst. Dazu füllen sie je eins ihrer Gläser mit kaltem und eins mit warmem Wasser. Hinzu kommt je ein Zuckerwürfel und die Kinder stellen fest, dass der Zucker sich im warmen Wasser schneller auflöst. Zum Schluss wird noch einmal zum Stein geschaut und die Kinder sehen, dass dieser sich nicht im Wasser gelöst hat (vgl. ebd., S.172 f.). Nun wird Spülmittel in das Wasserglas mit dem Stein gegeben und die Kinder beobachten genau, was passiert. Sie stellen fest, dass sich der Stein auch durch Zugabe von Spülmittel nicht löst.

3.2.1 Naturwissenschaftliche Deutung

Entscheidend, ob ein Stoff sich in Wasser löst oder nicht, ist die Struktur der Oberfläche. Der Stein wird lediglich vom Wasser benetzt, es dringt nicht in sein Inneres ein. Bei Zucker und Salz hingegen greift Wasser zunächst deren Oberflächen an und trennt diese Schicht für Schicht ab. Ist dieser Prozess vollständig abgeschlossen, liegt das Salz bzw. der Zucker in kleinen, nicht mehr sichtbaren Teilen im Wasser vor. Das Abtrennen der Oberfläche geht bei einigen Stoffen schneller, wie z.B. bei Zucker und bei anderen Stoffen, wie z.B. Salz, dauert dieser Prozess länger. Auch die Temperatur des Wassers spielt hierbei eine Rolle. Je wärmer das Wasser ist, desto schneller kann es die Oberflächen der wasserlöslichen Stoffe abtrennen. So ist es auch in unserem Körper. Bei 37°C Körpertemperatur können sich Salz und Zucker schnell lösen. Das ist vor allem bei Zucker von Vorteil, denn dieser wird in manchen Fällen sehr schnell vom Körper benötigt (vgl. ebd., S.173 f.).

4. Vergleich der Konzepte „Naturwissenschaften im Kindesalter nach Gisela Lück" und „Kognitive Meisterlehre"

Im Folgenden werden die Konzepte „Naturwissenschaften im Kindesalter nach Gisela Lück" und „Kognitive Meisterlehre" in Bezug zur Thematik „Mischbarkeit von Flüssigkeiten" miteinander verglichen.

4.1 Zielgruppe

In dem Konzept „Naturwissenschaften im Kindesalter" nach Gisela Lück werden vor allem fünf- bis sechsjährige Kinder angesprochen, da in diesem Alter ein besonderes Interesse an naturwissenschaftlichen Themen besteht. Sie haben bereits eine genügend ausgebildete Konzentrationsfähigkeit und können gezielt beobachten. Auch ihre sprachliche und kognitive Kompetenz ist soweit fortgeschritten, dass sie Beobachtungen in Worte fassen und die theoretischen Hintergründe nachvollziehen können. Maximal sechs Kinder nehmen an dem Experiment teil (vgl. Lück, 2012, S.145).

Die Zielgruppen in dem Konzept „Die Kognitive Meisterlehre" sind einerseits die pädagogischen Fachkräfte und andererseits die Kinder innerhalb der Bildungseinrichtung zwischen dem dritten und fünften Lebensjahr. Die Erzieherinnen werden für das Thema „Naturwissenschaften" sensibilisiert, indem sie sich mit der Thematik auseinandersetzen und dadurch neue und positive Erfahrungen diesbezüglich machen. Die Kinder gehen in diesem Konzept ihrer Neugier nach und stellen Fragen. Diesen Fragen wird gemeinsam forschend auf den Grund gegangen (vgl. Von Löbbecke-Lauenroth, 2012, S.6f.).

4.2 Vorbereitung

Neben den entwicklungspsychologischen Voraussetzungen und einer interessierten Grundhaltung der Kinder muss im Vorfeld für das Experiment „Mischbarkeit von Flüssigkeiten" nach dem Konzept von Gisela Lück der Experimentiertisch mit den benötigten Materialien bereitgestellt werden (vgl. Lück, 2012, S.182). Das Experiment wird vorab von der pädagogischen Fachkraft durchgeführt und getestet (vgl. ebd., S.146).

Die Voraussetzung, um mit den Kindern als Expertin der Kognitiven Meisterlehre experimentieren zu können, umfasst eine monatelange Anleitung durch eine Expertin des Konzepts. Hierbei wird gelernt, wie Kinderfragen bewusst wahrgenommen und in passende

Experimente umgesetzt werden können. Vor Beginn der Experimente werden äußere Rahmenbedingungen, wie u.a. die Räumlichkeiten, Zeiten und organisatorische Grundlagen im Team geklärt (vgl. Von Löbbecke-Lauenroth, 2012, S.13). Das Experiment „Mischbarkeit von Flüssigkeiten" des Konzepts „Die Kognitive Meisterlehre" wird vorbereitet, indem jedes Kind ein Marmeladenglas bekommt, das zur Hälfte mit Wasser gefüllt ist. Auf dem Tisch steht eine Flasche Speiseöl für die Kinder bereit (vgl. ebd., S.22).

4.3 Material

Um das Experiment nach dem Konzept von Gisela Lück durchführen zu können werden folgende Materialien benötigt: Glasschälchen, Behälter mit Wasser, Speiseöl, Essig, Spülmittel und Tropfpipetten. Dies sind Alltagsmaterialien, zu denen die Kinder einen Bezug haben. Meist sind diese Materialien in der Einrichtung vorhanden und müssen nicht extra für das Experiment gekauft werden (vgl. Lück, 2012, S.182).

In dem Konzept „Die Kognitive Meisterlehre" werden folgende Materialien für das Experiment verwendet: Ein Marmeladenglas, Wasser und Öl (vgl. Von Löbbecke-Lauenroth, 2012, S.22). Auch hier werden Alltagsmaterialien benutzt, die die Kinder aus ihrem Lebensumfeld bereits kennen.

4.4 Durchführung

Die Durchführung nach Gisela Lück beginnt zunächst mit dem Einstieg. Hier benennen die Kinder die Materialien, die vor ihnen auf dem Tisch liegen. Diese Aufzählung fördert gleichzeitig die Sprachkompetenz der Kinder. Danach wird das Thema mithilfe eines Alltagsbezugs oder einer Problemstellung eingeführt. Bei dem Experiment „Mischbarkeit von Flüssigkeiten" stand die Frage zu den Öltropfen in der Suppe im Mittelpunkt. Dann folgt das Experimentieren der Kinder, was bei der Durchführung im Vordergrund steht. Anschließend beginnt die Beobachtungsphase. Hier wird jede Veränderung wahrgenommen und registriert. Dies ist fundamental für das Verständnis des theoretischen Hintergrunds. Bei der Erklärung des Phänomens wird den Kindern genügend Zeit gegeben, um einen intensiven Wissenserwerb zu ermöglichen (vgl. Lück, 2012, S.146). Die Durchführung erfolgt in stetigem Wechsel zwischen Aktionen der pädagogischen Fachkraft und Aktionen, die die Kinder selbst übernehmen können. Die Fachkraft bereitet vor und erklärt, die Kinder führen durch und beobachten. Ein Experiment dauert etwa dreißig Minuten. Zum Schluss wird die Erklärung des naturwissenschaftlichen Phänomens durch die pädagogische Fachkraft vorgenommen. Um die

Kinder zu motivieren, kann eine Geschichte über zwei Gummibärchen, die sich darüber streiten, ob es außer Wasser noch andere Flüssigkeiten gibt, erzählt werden. Die Kinder helfen den Gummibärchen, indem sie zunächst Hypothesen äußern und dem Thema dann experimentell auf den Grund gehen (vgl. ebd., S.182 f.). Bei der Durchführung des Experiments und bei der Auswahl der Materialien dürfen keine gesundheitlichen Risiken eingegangen werden. Bei dem Versuch „Mischbarkeit von Flüssigkeiten" ist speziell auf den sorgfältigen Umgang mit Spülmittel und Essig zu achten (vgl. ebd., S.148).

Nach dem Konzept „Die Kognitive Meisterlehre" entsteht das Experiment „Mischbarkeit von Flüssigkeiten" aus dem kindlichen Interesse heraus. Stellt ein Kind eine Frage zu dieser Thematik oder entwickeln Kinder im Alltag Interesse daran, wird das Experiment „Mischbarkeit von Flüssigkeiten" durchgeführt. In dem Konzept wird eine klare Abgrenzung zu angeleiteten Aktivitäten betont. Stattdessen kommt es darauf, an, spontan und situativ zu agieren. Jedes Kind bekommt für das Experiment „Mischbarkeit von Flüssigkeiten" ein Marmeladenglas, das zur Hälfte mit Wasser gefüllt ist, und schüttet etwas Öl hinzu. Nun wird beobachtet, was passiert. Das Öl setzt sich oberhalb des Wassers ab. Nun dürfen die Kinder den Deckel auf ihr Glas schrauben und das Wasser-Öl-Gemisch kräftig schütteln. Anschließend wird erneut beobachtet. Nach kurzer Zeit wird wieder die Ölschicht über dem Wasser sichtbar. Die Kinder dürfen noch mehr Hypothesen nennen, wie man die beiden Flüssigkeiten miteinander vermischen könnte, z.B. in den Kühlschrank stellen oder das Öl zuerst in das Glas einfüllen. Sie werden feststellen, dass die Flüssigkeiten sich trotz allem nicht vermischen. Beim nächsten Forschertermin wird mit den Kindern ein Spiel gespielt, das ihnen verdeutlichen soll, wie Wasser- und Ölteilchen sich untereinander verhalten. Dafür werden die Kinder in zwei Gruppen aufgeteilt. Die Kinder der ersten Gruppe spielen die dicken, runden Wasserteilchen und haken sich gegenseitig ein. Die Kinder der zweiten Gruppe stellen die langen dünnen Ölteilchen dar. Die Kinder, die die Ölteilchenspielen, strecken ihre Arme hoch und fassen sich an die Hände. Nun darf ein Wasserteilchen versuchen, sich bei einem Ölteilchen einzuhaken, ohne seine Armposition zu verändern. Dies wird nicht funktionieren, da die Arme des Ölteilchens zu weit oben sind. Genauso ist es auch mit dem Wasser-Öl-Gemisch in dem Marmeladenglas. Die langen, dünnen Ölteilchen und die dicken, runden Wasserteilchen können sich nicht miteinander verbinden. Nach dem Spiel kommt die pädagogische Fachkraft mit den Kindern zu einem Reflexionsgespräch zusammen, indem der naturwissenschaftliche Hintergrund des Experiments erläutert wird (vgl. Von Löbbecke-Lauenroth, 2012, S.22 f.). Während der Durchführung beobachtet die Fachkraft systematisch das Verhalten der Kinder.

Sie gibt Feedback, lobt und ermutigt, stellt Fragen und interagiert mit den Kindern. Außerdem wird in der Durchführung ein Gleichgewicht zwischen den geleiteten Aktionen der Fachkraft und den frei initiierten Aktivitäten der Kinder hergestellt (vgl. ebd., S.8).

4.5 Alltagsbezug

Der Alltagbezug des Experimentes aus dem Konzept von Gisela Lück ist leicht hergestellt, da Materialien aus dem häuslichen Umfeld der Kinder ausgewählt werden. So wird die Nachhaltigkeit des Experiments gefördert. Kinder entdecken die verwendeten Materialien zu Hause wieder und erinnern sich an das Experiment und führen es sogar zu Hause noch einmal durch (vgl. Lück, 2012, S.151). In dem Experiment „Mischbarkeit von Flüssigkeiten" besteht der Alltagsbezug einerseits darin, dass die Kinder erfahren, warum sich auf der Suppe Fettaugen befinden, die sie zuvor in ihrer eigenen Suppe beobachtet haben. Andererseits wird der Alltagsbezug dadurch hergestellt, dass fettiges Geschirr durch die Verbindung von Wasser und Öl mittels Spülmittel gereinigt werden kann (vgl. ebd., S.184).

Bei dem Experiment des Konzepts „Die Kognitive Meisterlehre" wird der Alltagsbezug hergestellt, indem den Kindern erklärt wird, dass Spülmittel eine Verbindung zwischen Wasser und Öl herstellen kann und dass aus diesem Grund fettiges Geschirr mit Wasser und Spülmittel gesäubert werden kann (vgl. Von Löbbecke-Lauenroth, 2012, S.23).

4.6 Naturwissenschaftlicher Hintergrund

In dem Konzept „Naturwissenschaften im Kindesalter" legt Gisela Lück großen Wert darauf, nur Experimente durchzuführen, deren naturwissenschaftlicher Hintergrund nicht zu komplex für fünf- bis sechsjährige Kinder ist. Die Experimente sind alle auf zuverlässige Naturgesetzmäßigkeiten zurückzuführen und bieten somit eine vorurteilsfreie Basis für die Begegnung mit Naturwissenschaften. Durch die klare Deutung jedes Experiments bleibt ein Versuch bei den Kindern besser im Gedächtnis (vgl. Lück, 2012, S.150). Mithilfe von Bildern der verschiedenen Strukturen von Wasser- und Ölteilchen wird den Kindern gezeigt, wie sich diese Flüssigkeiten unterscheiden und sich deshalb nicht miteinander vermischen. Den Kindern wird erklärt, dass sich Gleiches in Gleichem löst. Die Spülmittelteilchen bestehen einerseits aus den gleichen Strukturen wie das Wasser und andererseits aus den gleichen Strukturen wie Öl, weshalb das Spülmittel eine Verbindung zwischen den beiden Flüssigkeiten herstellen kann. Auch dieses Phänomen ist bildlich dargestellt. Die Erklärung ist für Kinder sehr abstrakt, weshalb die bildliche Darstellung das Verständnis erleichtert (vgl. ebd., S.183 f.).

In dem Konzept „Die Kognitive Meisterlehre" wird die naturwissenschaftliche Erklärung mit Hilfe eines Spiels veranschaulicht. Die Kinder stellen hierbei die Wasser- und Ölteilchen dar und erleben aktiv die Schwierigkeit der Verbindung dieser beiden Flüssigkeiten. In einem Reflexionsgespräch wird die Naturwissenschaftliche Deutung, wie im Konzept von Gisela Lück bereits beschrieben, erklärt. Es folgt der Alltagsbezug. Abschließend wird erwähnt, dass die Stoffe, die ähnlich wie Spülmittel aufgebaut sind, Emulgatoren heißen und sie eine Art Verbindungsstück zwischen zwei nicht mischbaren Flüssigkeiten herstellen (vgl. Von Löbbecke-Lauenroth, 2012, S.23).

5. Zusammenfassung

Das Thema „Mischbarkeit von Flüssigkeiten" kann mit Inhalten des Konzepts „Naturwissenschaften im Kindesalter nach Gisela Lück" optimal aufgegriffen werden. Die Durchführung und Erläuterung der Komplexität dieser Thematik sind in diesem Konzept ansprechend und verständlich für die Kinder beschrieben. Um den Kindern zu verdeutlichen, dass Wasser und Öl sich nicht miteinander vermischen, wird nach Gisela Lück zunächst Wasser mit Essig vermischt, um den Unterschied sichtbar zu machen. Vermischen die Kinder anschließend Wasser mit Öl, wird sofort die Trennung der beiden Flüssigkeiten sichtbar. Allerdings kann man diese Trennung auch lösen, indem man Spülmittel hinzu gibt. An diesem Punkt kann man gut den Alltagsbezug herstellen, dass aus diesem Grund beim Spülen von fettigem Geschirr Spülmittel benötigt wird, um Sauberkeit zu erzielen. Zur Weiterführung der Thematik wurde auf der Basis einer Kinderfrage das Experiment „Löslichkeit von Feststoffen in Wasser" gewählt. Hierbei wird den Kindern bewusst gemacht, dass einige Feststoffe, wie z.B. Steine nicht wasserlöslich sind. Salz und Zucker hingegen sind wasserlöslich. Diese Unterschiede erfahren die Kinder, indem sie aktiv mit verschiedenen Materialien in Zusammenhang mit Wasser experimentieren. Im direkten Vergleich mit dem gleichen Experiment auf der Grundlage eines anderen Konzepts werden einigen Parallelen, aber auch Unterschiede deutlich. In dem Konzept „Naturwissenschaften im Kindesalter" nach Gisela Lück werden festgesetzte Experimentierreihen durchgeführt, die logisch aufeinanderfolgende Versuche beinhalten. In dem Konzept „Kognitive Meisterlehre" wird das nächste Experiment immer nach den kindlichen Fragen, die während des Versuchs aufkommen, gewählt. Das Experiment zum Thema „Mischbarkeit von Flüssigkeiten" der beiden Konzepte, hat trotz eines anderen Aufbaus Parallelen zur Naturwissenschaftlichen Erklärung und zum Alltagsbezug.

Alle hier vorgestellten Experimente sind in der pädagogischen Praxis gut anwendbar und eignen sich für die naturwissenschaftliche Förderung für Vorschulkinder. Durch die Kompetenzen, die die Kinder schon im frühen Alter erwerben, ist ein hohes Interesse auf diesem Gebiet in ihrem weiteren Leben zu erwarten. Das kommt der deutschen Wirtschaft zukünftig zu Gute, da die Zunahme weiterer Fachkräfte so gesichert wird.

6. Literaturverzeichnis

Bundesministerium für Bildung und Forschung (2013). Pädagogischer Ansatz der Stiftung „Haus der kleinen Forscher". Anregungen für die Lernbegleitung in Naturwissenschaften, Mathematik und Technik. Berlin.
Verfügbar unter:
http://www.haus-der-kleinen-forscher.de/startseite/forschen/paedagogik/paedagogischer-ansatz [04.02.2013]

Lück, G. (2006). Naturwissenschaftliche Bildung. In L. Fried & S. Roux (Hrsg), Pädagogik der frühen Kindheit. Handbuch und Nachschlagewerk. Weinheim: Beltz.

Lück, G. (2012). Handbuch der naturwissenschaftlichen Bildung. Theorie und Praxis für die Arbeit in Kindertageseinrichtungen. 2. Auflage der vollständig überarbeiteten und erweiterten Neuausgabe 2012. 8. Gesamtauflage. Freiburg im Breisgau: Herder.

Fthenakis, W. E. (Hrsg.), Wendell, A., Eitel, A., Daut, M. & Schmitt, A. (2009). Natur-Wissen schaffen – Band 3. Frühe naturwissenschaftliche Bildung. Troisdorf: Bildungsverlag EINS.

Gold, A. & Dubowy, M. (2013). Frühe Bildung. Lernförderung im Elementarbereich. Stuttgart: Kohlhammer.

Von Löbbecke-Lauenroth, E. (2012). Mathematisch-naturwissenschaftlich-technische Bildung II. Lerneinheit 03. ‚Didaktische Konzepte für frühe naturwissenschaftliche Bildung 3'. Wissenschaftliches Zentrum Frühpädagogik. Soest: Handout FH Südwestfalen.